迪奥的时尚笔记

写给每位女士的优雅秘诀

The Little Dictionary

of

A Guide to Dress Sense for Every Woman

〔法〕克里斯汀·迪奥———著

潘娥———译

袁春然———绘

重庆大学出版社

克里斯汀·迪奥（Christian Dior）所写的这本关于时尚的小书——*The Little Dictionary of Fashion* 的英文标题直译应该是"时尚小辞典"。此书英文版在编撰的时候，是按其题目词条的英文首写字母排序的，但在翻译的过程中，我感觉这更像是一本笔记，作者通过公开他的时尚笔记，与读者分享他职业生涯中的敏锐观察与精辟总结。这是我向出版社建议用"时尚笔记"来作为中文版书名的原因。另外，与颇有距离感的"时尚小辞典"相比，时尚笔记这个名称显得更为亲切。

读者可以从任意一页开始阅读这本小书，针对每一个时尚元素，作者均提供了专业而独到的见解，以及实用可靠的建议。

虽然它只是一本身形单薄的小书，但在与中国读者见面之前也历经磨难，从翻译到重新配图，用去整整两年的光阴。所幸的是迪奥先生所推崇的时尚是经得起时间磨砺的经典。我想，这也是五十多年后，出版社依旧愿意出版它的理由吧。

目录

●

●

时尚的方方面面一直都是被热议的话题，但还没有哪个时装设计师尝试整理出一套关于时尚的小辞典。

当然，要事无巨细地把时尚解释清楚，非得写出厚厚的一本书来不可。但我觉得我写的这本小书既不至于长得乏味，也不至于短到不足，称之为我的"时尚小辞典"。

这本小书对现代女性会很实用。

很多人无缘高级女装，有钱的人才买得起如此昂贵的服装。

但女人不需要花很多钱买衣服也能打扮得高雅，她只需遵循一些时尚的基本原则，仔细挑选与她个人风格相配的服装。

简洁、高品位和会搭配是时装的三个基本要素，这些都是用钱买不来的。

首先你得训练自己，弄清楚什么才是真正适合自己的，了解你自身的需求，找出最适合你的色彩，避开那些不加分的颜色。

选择线条简单的服装，对它们的合身程度则要格外留意。

最重要的是——精心对待你的衣服。只有受到精心呵护的服装才能把你打扮得美丽迷人。

——克里斯汀·迪奥

亮点

亮点是巧用小的个性饰物将一件由设计师设计的衣服变得具有个人风格，这一点极为重要。

亮点必须有个人风格：别夹子的位置，打领结的方式，折围巾的方法，装饰花的挑选……

这些选择由你自己决定，没人能胜过你。可是要当心，亮点一个足矣。如果你选色彩作为亮点，一定要慎重，记住：除非有专家指点，通常一套衣服上有两种颜色已经足够了。

点缀在可爱的手和纤细手腕上的亮点。这串无烟煤项链一圈圈缠在手臂上，变成一条别致的手链。

配饰

　　配饰对衣着光鲜的女人极为重要。买衣服的钱越少，花在配饰上的心思就得越多。同一件衣服，搭配不同的饰物能让你焕然一新。但不同颜色若不能有一整套配饰，搭配时你需格外小心。

　　你选择的配饰颜色必须尽可能多地与衣橱中的衣服搭配。

　　在资金有限的情况下，明智的你应该选择黑色、海军蓝或棕色的配饰，而不是鲜红、翠绿。

　　选择配饰依据的是个人喜好与品位。

　　不能盲目购入，要理性选择。

配饰非常关键。这顶翠
绿的帽子把黑色西装衬
托得格外迷人。

修改

无论修改连衣裙还是西装，你必须谨而慎之！一条通过深思熟虑创造完成的裙子，很难在修改设计的过程中不被破坏。最好还是另选一条更适合你自己的。每一次改动都是大事——而且你永远不知道发生什么！

修改？千万别改！任
何改动都会完全破坏
这件可爱的迪奥斜纹
软呢西装的线条美感
和完美平衡。

日裙和午后裙在设计上差别不大，但午后裙的面料通常会显得稍微华丽些。

午后你当然也能穿西装，但到了傍晚时分，没有比裙子更实用的了。穿裙子参加酒会或者晚宴都很合适。

黑色午后裙最完美——任何材质的衣料皆可选择。如果你只有一条午后裙，我会建议你毫不犹豫地选择黑色。

最实用的设计是低颈露肩装，配上波蕾若外套或针织短上衣。羊毛也行，蕾丝也行——什么材质都行。上身的设计、裙身的造型——修身与否，这些都与你的体形和生活方式有关。

时尚界只有两种时代——少女时代和女人时代。

（确实有祖母们，没错——但只有当你拥有祖母的身材并过着祖母式的人生时，才有必要穿成祖母的样子。）

穿着打扮要与年龄身份相称，但这并不意味着你要穿得老气横秋。

女性结婚前后的穿衣方式会稍有不同，我不建议未婚女孩佩戴硕大的首饰或穿昂贵的皮草。

围裙

　　这里的"围裙"并非指做家务时必要且实用的家用围裙。在服装界，"围裙"指的是一块不固定的布料，它能令你的裙子完全改观，更显档次。

　　如果你的胯部不太完美，但又想穿一条贴身的裙子，裙子侧面或前后的围裙能帮你解决这个问题。

袖窿

在服装制作中，袖窿是非常重要的部分。袖子没安好，能毁掉整件衣服。一件别扭的衣服，问题通常出在袖窿上。

选择什么样的袖窿因人而异，但是记住了：袖窿太深会很显胖。

舞会礼服是你梦想的服装，它还必须让你美得像一个梦……我觉得女人的衣橱里，舞会礼服跟西装一样必不可少。

穿上美丽的舞会礼服，你就变成真正的女人……充满女人味，尽显优雅甜蜜。

几乎所有面料都可以做成舞会礼服——越华丽越好——雪纺、缎子、织锦、丝绸，年轻女孩可以选择蝉翼纱和棉布。

舞会礼服几乎可以做成任何样式，我觉得宽摆连衣裙会非常浪漫，除非你身材太干瘪。除此之外，抹胸裙也很漂亮。

行李箱里放入一身西装外加一件舞会礼服周游世界去吧，几乎任何场合你的打扮都不会失水准。

腰带

　　突显腰部最巧妙的方式就是系上一条腰带。除了运动服或沙滩服，我们系的腰带通常是样式经典的皮制腰带，也有为搭配连衣裙而制作的精美腰带。还有一种更考究的——悬垂腰带（通常被称作饰带），配上纤细的腰部会显得很优雅。

　　腰带要谨慎选择，要能起到帮助拉伸加长背部线条的作用。无论粗细，腰带都要跟连衣裙或大衣的样式相匹配。如果你的腰身短，应该避开宽腰带。

黑色

在所有色彩中，黑色是最流行、最百搭、最优雅的。我故意说色彩，是因为黑色有时可能像彩色一样引人注目。

在所有色彩中，黑色是最显瘦的颜色。穿黑色最能讨巧，除非你肤色真的很差。

任何时候都可以穿黑色，任何年龄都可以穿黑色，几乎任何场合都可以穿黑色。一条"小黑裙"是每个女人衣橱的必备。

关于黑色，我可以写一整本书……

女式衬衫

现在女式衬衫的流行度大不如前了，实在令人遗憾。

当然，很多西装不必搭配衬衫。但我觉得，在暖和的天气脱掉外套，露出里面那件漂亮的衬衫，实在是件令人赏心悦目的事。

有些西装，尤其是配有一条宽下摆裙子的西装，你可搭配一件绣花的、蕾丝的、天鹅绒的或缎面的衬衫。这样一来，晚上的你也能和白天一样美。

蓝色

在所有颜色中，海军蓝是唯一能与黑色相提并论的颜色，它们拥有一样的品质。

浅蓝是最美的颜色之一，如果你正好有一双蓝眼睛，配上浅蓝色衣服就更绝了。注意：挑选蓝色时要在日光和灯光下对比，因为差别会非常大。

上衣在任何服装中都是至关重要的部分。上衣靠近脸部，必须勾画出一个美好的轮廓。

连衣裙的重点集中于上衣部分，它的裁剪决定了整条连衣裙的基调，裙体的设计是为了平衡上半身。上衣部分可以玩出很多花样，如果你胸围稍小，上半身可以穿得花哨些——也可加些褶子或一个精致的领子。

有褶皱的连衣裙上衣也适合你，生动的线条从肩缝处展开。

腰短的人最好穿长线条的上衣，V字领更好，缝合线从肩膀延展到腰部，要用小扣子，别用大的。

腰身长的人很幸运——从肩到腰的长度非常优雅。她应该尽可能地让自己的腰身显得纤细。肩部船形领口加宽一点——勾勒出领口线条，这些都会显得腰更细。

那些胸围不小的人也需要尽量让自己看上去腰肢纤长。她们应选择柔和的线条，流畅的裙身设计，也许有点褶皱，但绝不过分。深 V 领、撞色领口、不对称线条尤其适合她们。

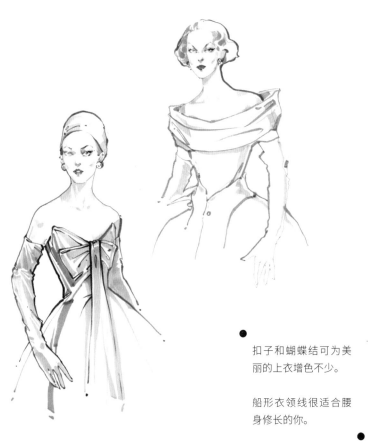

● 扣子和蝴蝶结可为美丽的上衣增色不少。

船形衣领线很适合腰身修长的你。

●

身材完美的你，连衣裙上衣部分越简单越好。精致的剪裁会让你显得很"有型"，但乍看之下它会显得很简洁。

适合完美身材的简洁
设计，大蝴蝶结为点
睛之笔。褶边裙身的
设计令苗条女孩显得
更美。

波蕾若外套

波蕾若外套非常适合用来改变衣服的整体效果，它们可以使用与服装相同的面料，或者使用对比的面料或颜色。

它们尤其适合腰长的人。

用波蕾若外套来搭配吊带装很有都市感。一件刺绣或天鹅绒面料的波蕾若外套会让一身简单的连衣裙显得优雅考究。

一件彩色的波蕾若外套能使黑色连衣裙增添一抹亮色，或者说春色也无妨。

近来流行的皮草波蕾若外套能帮你从容优雅地穿戴皮草，既保暖又好看。波蕾若外套贴近脸部，能把人衬托得分外迷人。

19

衣骨

生活与时尚都在崇尚简单，服装的衣骨就派上用场了——它有别于老祖母时代女性搭配的厚重紧身褡。当你穿一条无带礼服裙时，骨架能派上大用场。

蝴
蝶
结

蝴蝶结是服装最自然的装饰，因为它们能自然地将布料闭合或打结。我喜欢用它为吊带装收口，修饰帽子或系腰带。无论小的、大的，还是特别大的，无论系法如何，用什么面料，这些蝴蝶结都是我的心头所爱。

但有一句忠告：蝴蝶虽美，切忌滥用。

一个细窄的黑色蝴蝶结，修饰这件白色罗缎面料晚装短裙的腰部曲线。

锦缎

它在面料中显得无比富贵，用起来一定要非常谨慎。如此华贵的面料，穿上去可能不显年轻。所以我才建议你用它来做晚礼服短裙，宽窄袖皆可，或者做西装。

如果是晚礼服长裙，锦缎只适用于重要人物参加重大庆典的场合。加冕礼就是典型的锦缎最佳使用场合。锦缎展现出的富有和奢华与这类贵族活动相得益彰。

纽扣

近来，纽扣在时装界的地位大幅提升，但它们一直都是解开和扣上一件衣服最实用的工具。它们既可以成为最重要的饰物，也能帮助突出服装的重点。

有时，一粒恰到好处的纽扣比大量铺陈的装饰更能撼动人心。

掩饰

自夏娃起，女性就知道用一千零一种穿戴方式来让自己看上去最娇艳动人。

掩饰非常非常的重要。服饰文化的精髓在于掩饰，因为天生完美在世上实属罕见。裁缝师的工作就是让你看上去完美。

精妙的剪裁加上一点衬垫，全凭行家的一双巧手，大衣和西装更能量身"塑造"。

格子

我热爱格子。格子可以既华丽又简洁，既高雅又朴素，青春靓丽而且永远不会出错。

早在织布机时代格子就已经流行，它们现在还活跃在时尚界。

格子的样式如此丰富，总有一款会适合不同年龄和身材的你。

年轻活泼的小姑娘适合穿格子布连衣裙，身材娇小的女性适宜小细格，年长些的女士可以穿印有不规则格子图案的柔软丝绸或羊毛面料。漂亮经典的格子呢很适合乡村风格。

夏天的夜晚，穿一身柔和的彩色格子棉裙会显得非常优雅……格子做配饰能产生活泼感，做手套、围巾等，适合度假时光。

雪纺绸既是世上最可爱的布料，同时也是最难搭配的布料。在法语中"chiffon"这个词是"抹布"的意思。我必须说：一件做砸了的雪纺绸衣服穿在身上像披着一块抹布！

雪纺绸必须用非常女性化的方式加以使用，用法语中所谓的"仙女的手指"来精雕细琢。除非你经验丰富，否则我建议你知难而退，别用雪纺绸做连衣裙；当然，做条雪纺绸围巾并不困难。

雪纺绸做女式衬衫也非常迷人——尤其是对年长的女士——她们非常适合灰色、米色、米灰色这些柔软的中性色。

雪纺绸本质上属于女性面料，如果你的连衣裙或西装让你显得太过硬朗，配上雪纺绸总会产生柔和的效果。

大衣

　　大衣保持着服装的原始属性：
保暖。

　　石器时代的女人们喜欢用动物皮
毛来保暖。现如今，大衣的最佳面料
是最接近皮毛的羊毛和天鹅绒。

　　丝绸大衣夏天可穿，但装饰性大
于实用性。就我个人而言，我不愿看
见城里的女人连一件大衣都没有。

　　大衣可松可紧，全凭个人喜好。
最重要的是它必须实用，颜色和样式
全都如此。

小礼服裙指更为精致讲究的下午裙。请别穿着晚宴服装去参加鸡尾酒会，这是不合场合的。

我认为最适合酒会的打扮是一件小抹胸或露肩裙，上身配一件波蕾若外套。穿上波雷若外套你可以大方逛街，脱去外套出席正式场合也一点问题没有。

酒会衣裙你可选择比较华丽的面料——塔夫绸、缎子、雪纺或羊毛（羊毛非常好），而至于颜色，你还是需要选择深色，如有可能最好是黑色。但华丽的刺绣和厚重的锦缎面料还是留着做晚礼服更好。

没什么帽子比酒会帽子更新潮了。你可以用各种材料，可以铺满刺绣，或者用花、羽毛或缎带做装饰。帽子可大可小（如果你去的地方空间局促，还是戴个小点的帽子吧），颜色任你选择——充分释放你的想象力和女性的感觉！

小礼服裙。一件合身的波
蕾若夹克上衣，底下配露
肩连衣裙，用的是迪奥最
钟爱的黑色。

酒会帽子。可大可小，可华
丽可简单，颜色样式全凭你
的喜好。迪奥为这顶颇为前
倾的椭圆小帽选择了黑色。

领子

领子的作用是勾勒你的脸，领子不论大小高低，比例都必须非常考究。

这块小小的面料，竟然能创造出如此多姿多彩的造型，实在非同寻常。

著名的"小白领"当然非常美丽及年轻态，但请小心使用，因为它有时会显得比较廉价。同一条白领子永远不要穿两次——它必须一尘不染。

领子的式样和搭配都要精心设计，一条不相称的领子会破坏掉整件衣服的平衡感。

通常小领子会使人显得年轻；大些的领子，尤其是打褶领，会使你更显得高贵。

如果你想装嫩，可以选挺括的面料——如提花织物；如果你想扮可爱，则选一块优质蕾丝比较好（也许你能 DIY 一条出来）。

如果你脖子细长，一条直立的"江洋大盗式"领子或旗袍领会很衬你；如果你脖子短，那最好选一条长长窄窄的领子。

一条随意系上的围巾搭配朴素的衬衫
一条围巾领用来修饰缎子衬衫
可拆式螺纹领配上朴素毛线衫
简洁领带式领配朴素白衬衫
西装的黑绲边领
白羽毛做的"小男生"领

色彩

色彩奇妙且迷人，但使用时必须格外小心。

即使是最美的颜色，如果你天天穿，魅力也会减分。颜色需要改变。如果天空一直蔚蓝，我们就不会欣赏蓝天，是不断变幻的云彩令天空如此美丽。

自然没有一处是静止不变的——郊外的风景日新月异；天空时刻变化无穷；海洋更是瞬息万变。

如果你想改变衣服的效果，改变颜色是个不错的主意。一条翠绿的围巾，一朵火红的玫瑰，一条明黄的披肩，一副品蓝的手套……

如果你的小衣橱空间有限，你最好控制一下配饰的颜色。

一件彩色的裙子可能使你靓丽迷人，但你也很快会腻烦，而且你穿它的频率远不如穿一件黑色或海军蓝裙子。

要知道，我这里所说的色彩是指亮色，而不是灰色、米色、黑色或海军蓝那种每天都能穿的中性色。即便如此，这些中性色也要依据个人肤色、发色及眼睛颜色小心选择。

例如：米色对灰头发的人就不合适，因为米色和灰色在质感上太相似了。灰头发的人应该选择灰蓝色或海军蓝，当然还有黑色。

棉质夏装，你可以选择世界上最欢快的色彩——因为它们有很多。

但是如果你要选一件经常穿的质量上乘的衣服，尽量选中性颜色。在挑选配饰的颜色时，也要多加小心。

一套衣服两种颜色足矣，一种颜色有两种变化也完全够了。

帽子、手套、围巾和腰带如果全都是同一种亮色，仅会营造出斑点狗式的视觉效果。

但色彩鲜艳的帽子和围巾是一套服装中吸引人眼球去关注的焦点。

总而言之：要想穿得俏，必须规划好。

灯芯绒曾经是，现在也是，将来仍然是在时尚界占有一席之地的，它的颜色变化太丰富了，所以使用起来也特别方便——灯芯绒是一种极其实用的面料。

我对灯芯绒十分钟爱，因为它跟羊毛面料一样有用，而且会给你的衣橱增加新鲜的元素。灯芯绒可以做成西装或裙子——甚至大衣，穿上去特别显年轻。

天鹅绒和灯芯绒都有极佳的色彩表现力——柔和和鲜艳的色彩效果兼而有之。

但这种面料本身质感厚重，所以服装的样式要尽量简单。

灯芯绒和天鹅绒都可以用来修饰西装或大衣——它们良好的面料对比性很适合搭配柔顺的羊毛面料。

化妆品

化妆品是美貌的重要秘密武器，但使用它们时不能让人看出来，浓妆现在已经很过时了。

你不必像舞台上的女演员一样置身于聚光灯下，所以你也不需要打扮成演员。

最自然的化妆是最好的，除了口红，要让人无法觉察。如果你喜欢色彩鲜艳的指甲油，涂涂也无妨，但我个人更喜欢自然色。

绉绸

曾一度退出时尚舞台的绉绸如今又回归了，因为这种面料非常好用，而且有时看起来像羊毛，只是不具有后者的那种保暖性。

你完全可以像处置羊毛面料一样对待柔软的绉绸。可以用它打褶或做褶皱弄造型，其用途非常广泛。

春天，我喜欢用柔和渐变的绉绸来做一条打褶的裙子。

袖口

领子对脸很重要，袖口对手亦是如此——它们能勾勒并衬托出可爱的手腕与手指。

我对白色袖口的态度跟白领子是一样的。白袖口很漂亮，但会显得廉价。袖口是袖子最重要的部分，不论它有多长。给长袖子加袖口时要小心了，不能长得遮住手腕，这会显得老气。

西装、大衣和裙子上的袖口我都喜欢。但我认为它们不宜太花哨——我最爱简单的小翻袖。

袖口可与袖子、大身是同样面料或者对比面料；可以是同样颜色或者对比颜色。但正如我之前提到的："别展现太多色块。"如果你在连衣裙的领子和袖口都用了对比色，对一整套衣服而言颜色已经足够了。

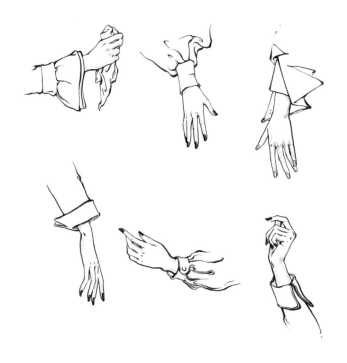

收省

（如果省道不用线缝死，则称为褶。）

收省对服装的裁剪至关重要，但切忌滥用。衣服不合身无法靠收省来补救。

好的裁剪首先应该顺应衣料的纹理。

收省仅在使衣服紧身合体时才使用。通常两到四条省道就能使衣服很伏贴了。省道别太大，太大会显得笨拙。出色的裁剪应使衣服接缝越少越好。

千万别选择缝褶或接缝多的衣服或图案。它们制作费事，而且不一定好穿。挑衣服时，注意选择衣服重要部位缝褶和图案都简省的设计。

有些女人穿西装很美，有些则不然，尤其是那些身材娇小或者腿短的人穿西装效果并不好。

我向她们推荐羊毛连衣裙——日装裙。你可以成年累月地穿，所以要选一款简单经典的样式、中性颜色，用精选的配饰来搭配就好。

在财力允许的范围内，永远买质量最好的羊毛裙。廉价羊毛面料并非真的价廉，它们还没等你穿上几个月就会被迅速磨损穿旧。

一件黑色、海军蓝或深灰色式样经典的羊毛裙可以穿上好多年。如果你年纪尚轻，选一件宽裙摆的裙子，上身搭配要简洁，而且要选高紧领。如果你不算瘦，我建议你来一件交叉式裙子上衣配直筒裙身，或者加一两个收褶增加动感。

V领看上去总是很迷人——尤其是对胸部丰满的你而言；如果你身材过于消瘦，加上点褶纹效果会不错。但要当心，别弄得太过花哨，因为如此一来你很有可能在衣服穿坏前就已经厌倦了。

日装裙。一件中性"烟草"
色日装裙。非常简洁的曲
线、高圆领以及舒适宽松
的袖子。

露肩裙

露肩裙一直非常性感，不论露肩的程度如何，露肩裙都充满女人味。

如果你身材高挑，大露肩的样式会适合你，如果你有点丰满，低胸裙会很不错。

裙子的领口线条不管怎样，千万别高到遮住了锁骨。除非你穿了毛衣，那你的领子不管多高都没问题。

露肩裙。简洁优雅的领口
线条配上黑丝绸面料的下
午裙。

细节

我痛恨琐碎。我钟爱在服装上运用重点或小巧别致的设计，但它们应该确有价值——而非可有可无。

烦琐的细节是一些非常廉价且毫不雅致的东西。不然也可将这个词理解为——你必须从头到脚在服装的每一个细节上都做到雅致，那么这时细节就很重要。

圆点

我对圆点和格子的评价类似，它们可爱、优雅、轻松，并且永远时尚。我一直喜欢圆点。

小圆点最适合小个子，大圆点适合高个子。如果你不那么瘦，你穿的衣服要暗底亮点而非亮底暗点。

可爱的圆点非常适合度假气氛——棉裙和沙滩装——轻松愉快的圆点做配饰也不错，它们用途广泛，不同的颜色特点不一……黑色优雅，粉红粉蓝青春靓丽，翠绿、鲜红、黄色喜悦欢快，米色和灰色高贵。

晨褛

晨褛或家居服是女人衣橱的成员，但是太多女人忽视了它的重要性。

我们母亲那代人曾非常重视晨褛，她们这样做很有道理，因为家人每天一早见到的你就是穿着晨褛的你……是开始新的一天的你穿上的第一件衣服，时刻穿着得体非常重要，尤其是在私密空间里。

如果你生活奢华（或者在过一个特别的假期），也许会拥有一件让你看上去美艳惊人的雪纺晨褛。对于生活严谨的你而言，斜纹软呢、斜纹软绸或羊毛——夏天则是棉布——是非常不错的选择。

我觉得晨褛也能让女人沉醉在女性温柔里。当然首先它得实用，不要过于正式。一点皱边或天鹅绒装饰在羊毛质地的晨褛上会产生很好的搭配效果。

耳环

除非在乡村，我总喜欢看见女人们佩戴耳环。戴它们有种赏心悦目的时尚感。耳环不需复杂，实际上，一对小金耳环、珍珠或单件珠宝都能制成一对迷人的耳环。晚上的耳环式样当然可以更华丽些。

我总是要求我的模特穿耳孔。

优雅

需要整本书的篇幅才能好好诠释这个词。我在这里只想说：优雅必然是个性、自然、精心和简洁的正确组合。相信我，除此之外，绝无优雅可言，有的只是装腔作势而已。

优雅并不倚仗金钱多寡。在我提及的上述四要素中，以精心最为重要。应当精心选择服装，精心穿戴，精心打理。

刺
绣

刺绣是女性巧手创造的最精妙绝伦的手工艺品
之一，但一旦使用不当便有损优雅，我不喜欢在日
装上饰以刺绣——除非绣得极简单。运用得当的刺
绣与小礼服可相得益彰，晚礼服上的精美刺绣更会
大放光彩。晚宴上，一件刺绣的小短裙也许非常美，
但穿衣一定要注意场合是否合适，不然会显得很
做作。

刺绣可用于以下情况：

衬衫上的刺绣：

修饰领口或前襟，但必须用最精致的丝线织就。
颜色最好只用单色，除非你有极可靠的色彩感。

短裙上的刺绣：

有时一件轻松活泼的短裙不妨选择深灰或黑色

晚装上可尽情使用刺绣，
迪奥的华丽红色缎质短礼
服裙，通身饰以有宝石蓝
的刺绣。

纯棉质地，辅以一些色彩鲜艳设计大胆的刺绣，但这尝试只适合年轻人。

晚礼服上的刺绣：

由丝线和珠宝及金属亮片组合而成的刺绣看上去很完美。它们可使晚礼服裙显得富丽奢华，极具魅力。

小礼服上的刺绣：

有时在裙子的领口或口袋处点缀一些刺绣也可产生别致的效果，记住了，点到为止就好。

突出重点

如果你有一个突出的优点，当然要把它彰显出来——突出女性的可爱。

如果你双手纤细美丽，袖口会衬托得双手更加纤长——而它们会正好盖住你的腕骨。

所有的领口都会突出你如花的容貌，因为领口的作用正是如此。

几乎所有裙子的裁剪都突出了纤细的腰肢——腰带不论宽窄，均有此功效。

好看的脚踝最适合穿那种"芭蕾"演出服长度的裙子，裙子越蓬松，突出脚踝的效果便越明显。

突出重点。可爱的衣领会突出可爱
的面孔。迪奥用黑缎领口来修饰这
件天鹅绒晚装上衣，这顶小帽子被
精心地绣上了珊瑚，这些都达到了
突出重点的效果。

搭配

穿衣的一种极为优雅的方式是大衣和裙子搭配着穿。我信任并尤其欣赏英国女人的眼光。

与大衣搭配的裙子应该款式简洁，大衣贴身或宽松均可，长短也依个人喜好而异。

着装搭配可取代套装。但这种方式却不是很实用，因为一旦定型很难改变。而着套装时，你可以搭配定制的衬衫，或者以另类的衬衫搭配不同的帽子，效果也会大为不同。

一种搭配只能有一种穿法。但对于那些穿套装不出彩的人，我推荐她们搭配着装。

色彩搭配方面我认为要遵循跟西装一样的原则——选择深色（好搭配的颜色）如：黑、灰、海军蓝、米色。因为你得常穿成套的衣服，这些颜色不容易让人厌倦，而且很适合搭配活泼的饰物。

可爱的腿部要靠漂亮鞋子
来帮衬。

貂
皮

貂皮集纯洁与尊贵于一身，常用于领口或帽子，产生冬日一抹白的迷人效果。

当然晚上穿一件貂皮波蕾若外套或大衣会颠倒众生。

罗缎

罗缎是一种迷人的丝织面料，不如绸缎有光泽，且稍微更不耐磨损，但更显瘦。跟楞条绸、茜明绸、真丝模棱绸属同一类面料。

罗缎容易起皱，不易缝制，应避免让没经验的裁缝打理此种面料。

羽毛

羽毛来自鸟儿身上，用它来装饰帽子会非常可爱迷人。但羽毛的使用一定要慎而重之，用好了可爱，反之则会让人看上去滑稽可笑。

恰当地装点在印第安酋长头饰上的羽毛，看起来威风八面，精心搭配的羽毛饰物也能将女人衬托得优雅脱俗。应始终选择小巧秀丽的羽毛作装饰，粗大的羽毛装饰使人显得笨拙，没有女人味。

羽毛修饰了这顶美丽迷人的皮帽顶冠，这些细致美妙的黄羽毛和帽子所搭配的黄色天鹅绒外套正相匹配。

一块小三角或由四方巾折成的三角披肩，用来搭配晚装再高雅不过了。在当今的时尚界，三角披肩大有取代传统披肩的趋势，后者有时显得过于累赘。

事实上，如果你觉得拿不准如何将披肩披得优雅，我倒建议你不妨试一下三角披肩，带流苏或刺绣的都不错，用料方面也非常灵活。

羊毛保暖，很适合搭配羊毛质地的日装。丝绸、缎子，还有蝉翼纱则适于配晚装。

颜色方面，白天可选深色或斜纹软呢色系，也可以选择欢快的鲜红、绿色或蓝色。晚上，特别是妙龄少女，很适合配一款色彩轻盈柔和的披肩。

合身

衣服好不好，说一千道一万，合身才是王道。我讨厌女人穿得邋里邋遢，像套着个面粉袋子。

哪怕有点小瑕疵，合身的衣服也能突出你的可爱之处，同时还能巧妙地扬长避短。

完全合身是难以实现的，在这上面耗费时间永远不会嫌多，通常一件衣服要试穿三次——有时甚至需要六次之多。

要格外留心面料的纹理，这点要紧思量、细斟酌。如果面料使用得当，只需最少的褶省便可令其合身，如若不然，打再多褶也无法实现你想要的合身效果。

所以，在做一件衣服之前，请仔细研究面料以及你想要实现的效果。

花
朵

　　花朵是除女人之外上帝带给世界的另一种可爱的存在。甜蜜迷人的花朵们必须精心地加以使用。

　　花饰帽子可以美丽迷人，也可以滑稽可笑。一朵插在扣眼、腰带或露肩衣领的花也许衬托得你千娇百媚，但是花的种类与颜色要根据你的个性来精心挑选。我觉得印花非常漂亮，色彩美妙的丝印花配上午后装、晚装、小礼服都非常迷人。

　　色泽鲜艳的印花也能使假日服装显得活泼欢快。

要根据个性来选择花朵。

狐狸皮

最优质的皮料之一，唯一的缺憾是长久置身于时尚舞台的狐狸皮如今被用滥了。

我个人不喜欢拿狐狸皮做大衣，它更适合当配角，我喜欢用狐狸皮来修饰大衣、西装，甚至斜纹软呢衣服。

褶边与荷叶边

褶边与荷叶边是一种让裙子保持丰满的，浪漫、简单而又新潮的方式。近年来我们大量使用荷叶边，但如今倾向修身裙及贴身臀线，也许荷叶边会用得少一些。

但是不管怎样，我挚爱荷叶边。用它来装饰年轻女孩的裙子再美不过了。

流苏

无论是单独使用还是装点在穗带上，流苏都是非常美的装饰。它让披肩或围巾有一个自然的收尾，有时可以用来修饰领子或口袋。

20世纪20年代，流苏曾广泛用于装点整件衣服，这也是现如今我们要慎用流苏的原因——因为一不留神就会显得很老气。

羽毛和流苏运用在这两条
迪奥专卖店的裙子上。左边
这条周身覆以深红色细羽；
右边这件是绿色毡料裙，以
长流苏镶边。

手套

在街上你宁可不戴帽子，也别不戴手套。没有比在晚宴上戴一双长手套更高贵迷人的了，如果你愿意，长及肩部也无妨，若想行动方便，盖过肘部也不错。手套晚上和白天均可使用——它们会给整套行头增添"一抹色彩"，但我不喜欢太奇巧的设计，我个人更倾向于自然色——黑色、白色、米色和棕色。

长手套会将双手衬托得分外高雅，使双手看上去纤细修长。我喜欢式样简单的手套——没有太多装饰——但必须确保剪裁精良。

皮手套的皮质必须完美，廉价皮子制成的手套还不如一双布质的手套更有价值。

迪奥说：没有比在晚上
戴一双长手套更高贵迷
人的了。

绿色

绿色被认为是一种不走运的颜色。我觉得这种观点大错特错。我很迷信，绿色始终给我带来好运，这种颜色不但迷人而且极为高雅。

它是大自然的颜色——你的服装色系遵从自然永远出不了大错。我乐于采用各种绿色服装面料——从早上的斜纹软呢，到晚上的缎子。绿色适合任何人以及任何肤色。

如果你保持简洁的线
条，更容易搭配出彩。
注意这件迪奥日装的束
身上衣。

灰色

灰色是最百搭、最有用，也是最优雅的自然色。无论是灰色法兰绒、灰色斜纹软呢还是灰色羊毛面料都很迷人。如果你的肤色适合灰色，那么没有比一件完美的灰色丝缎晚礼服更优雅的了。日装中灰色西装和大衣尤为理想，这永远是我的最佳推荐，许多穿不了黑色的人可以用深灰色取而代之。（记住：如果你是个大高个儿，必须选深灰，如果身材娇小，浅灰色则更适合你。）

灰色是迪奥为这件迷人
的羊毛连衣裙所选择的
颜色。注意：简洁的领
口线条和单粒扣的设计。

修饰

修饰是真正优雅的秘诀。最好的衣服、最完美的首饰、最动人的美貌，没有好的修饰就什么都不是。

发
型

正如所有靠近脸部的其他元素一样，你的发型
至关重要，甚至比帽子或领子更重要，因为它实际
上是你身体的一部分。

怎么悉心照料你的发型都不为过。我并不是说
我喜欢烦冗复杂的发型，我讨厌复杂。

发型。以下速写展示出
迪奥的三个模特所选的
三种风格迥异的发型。

但是好的发饰还是非常有必要的。

如果你不能经常上理发店，尽量选一个简单的发型，如此一来你便可以在家自行打理。打理发型不仅是指每天，而且需要时时刻刻地精心呵护。

我讨厌染发，上天赐给你的肯定是最适合你个性的发色。偏要把自己变成另一个人绝不是什么好事，你可以改善自身——从各个方面做起——但你终究还是你自己，不会变成另外一个人。

如果你是少白头，灰白的头发会让你倍显高贵，并且要比你染发显得年轻很多。过了某种年纪，染发就变得有些欲盖弥彰。

手袋是一件非常重要的配饰，可惜许多女人用起来都漫不经心。

你可以从早到晚都穿同一件西装——但真正完美的着装要求你携带不同的手袋。早上的包必须很简单，到了晚上，包要小，而且要稍微花哨一些。

手袋永远以简单经典为上乘，皮革的品质是非常重要的。

便宜的皮革未见得就便宜——它可能很不经用结果反倒贵了。

如果你只能拥有一两只手袋，请选黑色或棕色，因为它们最百搭。

（白天你可以选一款鞍形包，但是午宴之后或者针对一场讲究着装的午宴，我更喜欢优质的整皮手袋。小牛皮、羔羊皮、鳄鱼皮三者当中，羔羊皮是我的最爱。）

晚装手袋可能有镶边装饰，或者用华丽的面料

上边是金色小山羊皮配罗缎绲
边的晚装包；下边是日用风格
的黑羔羊皮手袋。

制成——不妨跟你的服装面料一致。可是如果你想拥有一只百搭的晚装包,请选金色或金质的包。切记:包包不是纸篓!不要一边指望着手袋给你增添姿色而且经久耐用,一边又往手袋里塞一些无用的杂物。跟你所有的衣服一样,手袋也要悉心呵护。

所有物品都有一席之地——妆粉、钱夹、零钱袋、纸巾等。别把你的唇膏、银行账单和手帕混放在一起。

帽子

现在到了而今最有争议的一个话题：你还应不应该戴帽子？

我觉得在城里你的确应该时时戴着帽子，有了它你才能算是装扮齐全了。另外它还是体现你个性的最佳方式，有时一顶帽子比一身衣服更容易诠释你的个性。一顶帽子可以使你看上去活泼、严肃、庄重、快乐——有时也会丑化你，如果你选择失误的话！

帽子是致命的温柔，又可以将这个词所蕴含的轻浮发挥到极致！

女人若不懂得利用这道卖弄风情的利器，那真可谓愚不可及啊。

帽子与手袋、衣服一样——尽量选择最好的面料。

冬天，天鹅绒和优质毛毡都是非常迷人而用途广泛的面料，而且它们不乏美妙而浓烈的色彩。

毛皮也很迷人——除了保暖之外，一顶小毛帽

迪奥用一枚青铜夹来装点这顶灰色软毡帽——夹子与项链、耳环并称迪奥专卖店里的首饰三件套。

子能使你千娇百媚，如果你买不起毛皮大衣，但又在寒冷的日子里渴望来一点毛皮，那么想办法弄顶毛皮帽子吧！

帽子的线条跟你的衣服线条一样重要。太多的帽子不过是在"帽模"上堆砌一些羽毛或花朵罢了。如果有好的线条，没有任何修饰的帽子也会非常迷人。

同样地，如果你的帽形很好，别心血来潮弄一大堆花破坏了它的好线条。

夏天戴顶丝质小帽或草帽都非常美——我故意用了"小"这个词，因为小的帽子比大的更好配，你会很快厌倦那种硕大无比的帽檐，而且除了在特别静谧的夏日，它们很难戴出优雅——你不会乐意一直扶着帽檐！

当然在正确的时间和场合——比如说花园派对——没有比一顶大大的帽子更美更招摇的了。

运动或者在乡间时，我不是很喜欢帽子——除非下雨、刮风或烈日让帽子仅用来体现它们最原始的功用——遮盖头部。

鞋跟

鞋跟是鞋子最重要的部位，因为你的整个行走都要倚仗鞋跟。有时候，即使身段平平的女人也能因为步态优美而获得仪态典雅的名声。

鞋跟太高会显得粗俗丑陋——我猜穿着也不好受。但是除了适合运动场和乡村，过低的鞋跟有时会让你显得没有女人味。正如这世上的许多事，中庸之道是最好的——通常中跟也是最好的。鞋子合不合脚，只有自己知道，你得亲自挑选。有时某些晚会场合，彩色鞋跟也会别有趣味，但是我更喜欢鞋跟的颜色跟鞋体一致。

鞋跟，迪奥的金色小山羊皮晚装鞋，鞋跟带处饰有钻石。

裙摆

　　裙摆是一个热门话题。但是我个人认为，规定一条裙子的下摆应该离地面多少厘米挺可笑的。这是很个人化的，由女人自己和她的腿说了算。

　　你的裙长很大程度上受你的穿着风格以及你的身高左右。

　　而好的眼光才是王道。

个性

在我们变成机器人之前——我希望这个时刻永远不要到来——个性始终是真正优雅的前提条件之一。

即使你不能件件衣服都是量身定制，也要尽量找到与你个性完全相配的成衣。

在这个量产时代，你的选择如此广泛，完全能找到一款适合你的。尽量理解你的个人风格，别忘了：个性和古怪不是一回事。

没有了优雅，女人就只剩下盲目追逐时髦。如果某种新款式不适合你，别往心里去，每个新季节的新款不是只有一件，而是很多件——你要通过挑选最合适的款式来训练属于自己的好眼光。

臀线

第二次世界大战以来，臀线就一直是时装的焦点——与纤细的腰肢相对照。近来时尚趣味上移到关注胸围线，而除了蓬蓬裙，臀线则讲究自然。

如果你有个苗条的臀线，什么类型的裙子你都能穿——铅笔形、打褶形、蓬松形或者喇叭形。但是如果你不如自己所期待的那样苗条，你必须避免裙子太饱满，千万别选荷叶边或褶边。你的衣服要选一款肩部有一点富余的设计来保持平衡。

臀线。如果你腰肢和臀部苗
条——大胆亮出来！迪奥告诉
你如何在黑色羊毛裙上加一条
吸引眼球的大蝴蝶结。

假日

假日适合穿得自在、休闲、简单，但绝对不适合穿着花哨像参加假面舞会。

你可以穿裙子或休闲裤、斜纹软呢或棉质面料、毛衣或衬衫；只要穿着舒适欢快休闲的衣服，你想穿什么都可以。

但是必须随时保持高雅。在这里我想说：我觉得英国女人最懂得如何在运动场合及假日完美着装。这些场合全世界的女人都该向她们学习。

假日服装。左边这件
好看的外套，后背和
袖子是针织面料，但
前襟是小山羊皮。

今天，时装受到了前所未有的关注，并且史无前例地为全世界的女人们尽情服务。

几年前，能来巴黎穿上由薇欧芮、沃斯、香奈儿等女装设计师定制的高端服装还只是极少数人的专属。而今天，通过时尚杂志和时装批发商店，每个女人都能轻而易举地获得世界级女装设计师的创意。

巴黎时装精选在全球媒体上曝光细节，离法国万里之遥的女人们短短数小时后就获悉了最新设计的所有内容。她们可以模仿那些穷极毕生心血投身时尚的设计师的想法；可以在好几百种不同设计中任意挑选。她们享有的优势比祖母那代人大太多了！但涌向现代女性的丰富的资讯与细节带来的问题是：她们得用个人眼光和决断力来选择适合自己的东西。

穿在别人身上的裙子或外套不管你有多喜欢，轮到你穿类似衣服时，必须想清楚："我穿上效果又会怎么样？"除非它跟你的个性、年纪、体形很配，不然你还是另选别的吧。

外套。本页所示的是
迪奥选择鲜艳的红色
外套搭配合适的裙子
和帽子。

夹克衫

夹克衫几乎跟套装一样重要，许多略微丰满的女人可以用夹克衫取代套装。夹克包罗万象，而且看上去总是那么优雅迷人。我很钟爱夹克。

穿外套一定要配瘦身裙子。百褶裙有时可以穿得很美，但很难驾驭，我不建议穿它。

外套通常很好搭配，你可以用瘦身裙配套头外衣，然后添一件外套；外套配上羊毛裙便可多加一份温暖，甚至配西装也行得通。因为外套通常是你衣橱中的"添头"，你不妨选一款活泼的颜色——红色、草莓色、品蓝或翠绿，依据个人喜好而定。

珠宝

货真价实的珠宝首饰是顶级的奢侈品，不求最大但求最精。手上戴一枚硕大的钻戒只说明你有钱——跟优雅无关。

我认为宝石的品质和设计以及完美的工艺远比宝石的尺寸来得重要。在过去数百年，有些精美的珠宝仅使用黄金和珐琅，它们比世界上最大的宝石还要美艳，因为它们展现了无与伦比的艺术与创造力。

对于那些不能拥有许多真珠宝的人来说，可以大量使用配饰珠宝。这是给你的衣服增添一抹亮色的极好方式。

配饰珠宝和真正的珠宝完全是两码事。这两样绝不能混淆，永远不可混用。

珠宝的使用规则是尽情使用，让它们物尽其用。例如一串碎钻水钻项链晚上配一条露肩裙会倍显迷人，下午用来配一件黑色精致的针织衫也有同样的效果。

琥珀色的宝石项链，
胸针和耳环，迷人的
三件套。

厚重的镀金首饰近几年也很流行，它为你的服装增添了一抹靓丽清新的华丽感。一般来说，宝石的使用受品位、环境和社会条件的制约，这个选择由你自己来做。

比方说，复串珍珠看上去很迷人，但如果你戴着去逛街就会显得很滑稽。

品位比金钱更重要，时装界的一切莫不如此。有些人总是一成不变地将胸针别在连衣裙领口或西装的翻领处。而时尚嗅觉灵敏的女人会用同样的胸针配搭彩色薄纱巾，把它固定到西装裤袋里——看起来很奇妙，更使美感倍增。

珠宝。1. 一条厚重闪光的晚装项链——配黑色衣裙非常迷人。2. 适用于白天的简洁的墨绿石头短项链。3. 白天和夜晚均适合佩戴的杂色双股珠链。

简洁的黑色配饰搭配黑白斜纹
软呢西装 ——绝对好品位。

穿衣的诀窍

没有诀窍？

如果有那未免就太简单了，有钱的女人可以买到诀窍，她们便不再有穿衣打扮的烦恼了！

简洁、高品位、会搭配——时装的三个基本要素——是用钱买不来的。

但是可以学得来，富人和穷人都一样。

20 世纪 20 年代，针织品首次进入高级女装界，如今它依然给人优雅感，我希望它能持续下去。

手工制品始终是非常讨人喜欢的，想必这便是针织品如此受欢迎的原因。技艺精湛的编织是一门伟大的艺术。由细羊毛织就的精美图案制成的美丽连衣裙，跟油画一样同属伟大的艺术品——但更加实用。

将羊毛球拆变成可爱的连衣裙，多么了不起的成就啊！

不论是在城市还是乡村，我都爱穿毛线衫，所有颜色都喜欢。由最柔软的羊毛织就的黑毛线衫（你看，品质精良一向是关键所在）可能是女人衣橱里最实用的一件衣服。

你绝不会喜欢毛线衫过分花哨的设计——编织针法花哨便足以出彩了。我个人认为对这些久经检验的纯经典款式已没有改进的余地了。

记住，长袖毛线衫跟其他长袖衣服一样，袖长不宜盖过腕骨，这样并不好看。近年来针织品的水准有了明显提高，针织衣物在一天的任何时候都适合穿。可以制成纤巧优雅的小礼服，还有厚重的运动衫。

蕾丝

原本美丽而昂贵的手工蕾丝，在机器批量生产后让每个女人都能拥有。

晚礼服、小礼服、衬衫，我都热爱使用蕾丝。我不太喜欢用它来做点缀——很容易显得老气。在黑色连衣裙上安置一点蕾丝领口可以显得很迷人，但必须谨慎选择——你不想看上去像是从古装片里走出来的吧！

穿在黑西装之下或是配一条礼服裙参加派对，蕾丝衬衫会使你更加美丽迷人。但是这种富贵而复杂的面料只适合于非常简单的样式。一件织物如果天生华丽，那就必须用简洁的设计来最大限度地突显它的优势。

晚礼服也同样如此——选择一种极简风格的，没有复杂的褶缝和剪裁。

漂亮的帽子，清爽的面纱，简单的发型——全部用来修饰整体。

美洲豹

　　长时间以来，豹纹一直被认为是"活力动感型"时装元素。我个人觉得用豹纹面料制成考究的大衣一样好看，而且白天晚上都能穿。

　　但穿豹纹你必须具有某种女人味，有点复杂世故的那种。如果你长得白皙甜美，那还是不穿为好。

豹纹印花真丝是这件活
泼的迪奥运动衬衫所用
的面料。

亚麻布

尽管棉布有很强的竞争力，但我个人认为亚麻才是顶级夏季面料。它清凉、清新，同时又跟丝绸或羊毛一样华丽。

亚麻的微妙颜色盖过了其他任何面料。亚麻不但漂亮，而且还很耐穿，易打理。它裁剪方便——像羊毛一样适合做成西装、连衣裙甚至夏季长款外套。

炎热的天气，在城里穿什么都敌不过一件深色亚麻西装——黑色为上选。在乡村，有数百种明媚可爱的亚麻颜色供你选择。

内衣

　　我对内衣和衬里的态度一致——用料精益求精。内衣必须永远精致。这并不是说它必须铺满蕾丝，但内衣必须以最精美的面料悉心裁剪。

　　我们的母亲们曾经在内衣上花费大量的时间与金钱，我认为她们做得很对。真正的优雅无处不在，尤其是在别人看不到的地方。

　　这也是一种心理作用。即使穿上最美丽的连衣裙，如果你知道贴身内衣并非同样迷人，你绝对不会感觉最好。除非你穿着一件极为合意的内衣，否则你的裙子也同样不能表现完美。迷人的内衣是打扮的第一步。

衬里

以现代方式来制衣时，衬里显得尤为重要。有时里子比面子还要重要。

一套好西装不光由你看到的面料构成，更多的是通过衬里来塑形，现在很多礼服都是这样制成的。

准确地说，衬里对大衣和外套非常重要。与礼服或衬衫相匹配的衬里是极为优雅的。

绝不要用廉价面料来做衬里——这是假节约。作为一条通用规则：服装中深藏不露或少露的部分，所用面料即使不用更好的，至少得跟表面衣料一样好。

面料

为做衣服而挑选面料如何殚精竭虑都不为过，而且对设计师而言，最难的一件事就是找到诠释他想法的面料。

有时为了做一件黑色小礼服，我们必须比较二三十种不同品质的黑色羊毛料。为自己挑选连衣裙面料时，你也应该同样小心翼翼。

要确定一块面料的颜色——意味着你必须分别在日光及灯光下查看——研究面料的重量和质感，看看是否与你脑海中的设计相匹配。

"一种设计可以用于任何面料！"这种想法是错误的。选料失误可以毁了整个设计。这就是为什么如果按照样衣来做一条连衣裙，除非你对自己的眼光非常有把握，否则所选面料在重量和设计上都要尽量贴近原版。你可以确信设计师在做选择之前肯定已经反复思量过，明智的做法是搬用他人的成功经验。

灰西装搭配黑色配饰，斜纹软呢是这件西装的完美面料。

　　作为一条通例：当你选择一个复杂的设计时，千万记着挑简单面料；当你的面料富贵奢华时，设计则要简单。有些面料尤其难对付——精纺羊毛、绵、麻和天然丝绸通常不难，雪纺就难些，如我之前所说，要让经验丰富的制衣工处理。天鹅绒有时也有点难

厚实而柔软的羊毛质地，
这是迪奥对这件漂亮淡粉
色大衣的选择。

对付。

　　在所有织物中，线衣——丝和羊毛的都是最容
易塑形的，而精纺羊毛和厚麻料是最好裁剪的。

　　另外别忘了，选料时小图案适合小个子，高个
子（不是胖）可以驾驭大胆的图案。对灰色法兰绒

也是如此，你选的颜色要跟你的身材相称——小个子选浅灰，深灰则适合不那么苗条的人。

缎面的礼服——极简的剪裁可以强调闪闪发光的面料。

这种黑色露肩修身连衣裙所用的天鹅绒非常迷人。

貂皮

在所有皮草当中，貂皮最为精美。在某些国家，貂皮大衣是某种生活水准和社会地位的代名词。貂皮当然是一种美妙的皮草，但选它别看价格，要看质量。一般说来，浅色貂皮要优于深色的。但是，和所有皮草一样，与你肤色相配的才是最好的。

如果你有深色头发，通常深色皮草最适合你，反之亦然。

纱

　　纱无疑是浪漫的晚礼服的理想材料，尤其适合作为可爱的年轻女孩们的第一件晚礼服。

　　但是用纱你必须多多益善，一条纱裙至少要有三层，要蓬蓬的。（纱这种面料如此便宜，为一条连衣裙铺张一番也算不上奢侈。）

　　纱的大部分魅力来自它的亮度和透明度。纱必须始终看起来清新明快。没有比一件皱巴巴的纱裙看起来更寒碜了。（纱如此好熨，没理由不令它时刻保持完美。）

　　我说了必须三层纱，但并非必须同样的颜色——有时三种深浅不一的蓝，或者一层白纱配两层不同色调的灰纱也很好看。混搭时要很小心——有时浅粉和淡蓝看上去有点过于甜腻了。

　　当你拥有一件纱质晚礼服时，它的魅力在于巨大饱满的裙身。为了平衡起见，配一件很简单的紧身胸衣更好，胸衣可以使用不同的面料。

纱是迪奥为这套可爱晚裙选
择的面料，黑色配饰使白裙
更加美得耀眼。

中性色调很适合许多乡村服装或休闲西装。我个人钟爱灰色，几乎人人都适合穿灰色。

灰色跟黑色一样如此百搭，几乎所有颜色配灰色都好看——灰和白，灰和黄，灰和红。如果你有一件灰色西装或外套，你可以任选喜欢的颜色来与之搭配。

有两种方法来选择适合你的灰色：通过你眼睛的颜色或者你的身材。

如果你有蓝色、浅褐或浅灰色的眼睛，浅灰色适合你。

如果你有暗灰或棕色的眼睛，那么暗灰色最适合你。

娇小的人穿极浅的灰最美，个子大些的人则需要穿深色系。

米色很迷人，而且显得极为优雅。但它比灰色更挑人，你必须有一个很好的肤色才能穿米色。如果你的脸色有点蜡黄，那你的脸必须与米色保持距离了。灰色有深有浅，极为丰富——选择最适合自己的灰色时可以应用相同原则：个子越小，颜色越浅，个子越高，颜色越深！

蠢行[1]

在时尚界，蠢行是指大草帽配雨衣，雨衣配晚礼服，拷花皮鞋配小礼服，高跟鞋配休闲裤，三月之后穿天鹅绒，蕾丝搭花呢。有关时尚的蠢行我可以写上厚厚一本书！太多的女人忘了即使是最极端的时尚表达也需要合理。好的时尚永远是建立在常识上的自然发展。

我不喜欢伪时尚——仅仅是为了噱头而设计。它们也许能吸引眼球，但绝不会优雅。

1. 蠢行：不合常识的、糟糕的服装搭配。——译者注

这是蠢行所能达到的最好效果了！一条美丽纯粹的白围巾，上面盛开着凸起的玫瑰。

114

尼龙

　　我本人从没用尼龙做过衣服。我觉得还需要再多几年的研究，尼龙才能成为非常适合制衣的面料。当然不包括运动服或沙滩装。

　　但我知道用尼龙做内衣非常方便，而且从洗涤的角度来看，尼龙的表现也很出色。

过度打扮通常是非常糟糕的，但我觉得在某些情况下，打扮不得体是极不礼貌和错误的。

如果由你来主持一个特殊场合，你必须有特别的服装。

谁能想象一场盛大的婚礼，而新娘却只穿一身灰色西装？伴娘跟新娘一样，穿得隆重也很重要。她们的风头不能盖过新娘，还要在风格上对新娘有所补充。

拿加冕典礼举例，这种场合绝对必须隆重装扮——长袍和头冠看上去美妙绝伦！

服装用途如此广泛的今天，你没理由做不到在绝大多数晚会场合穿着得体，即使你的确得从办公室直接赶过去。

那些附有可拆卸式马甲的小连衣裙，加上帽子的变化，足以保你一整天穿衣不出错。

特殊场合。婚礼是一个特殊场合。无论你是新娘还是伴娘，你必须看上去甜美动人。这位身着迪奥服饰的伴娘，她身穿极为简单但魅力十足的白色连衣裙。手捧山谷白百合，头上戴着缀满珠宝的小帽子。

我曾经说过，如今没有老女人，只是有些女人比其他女人年长一些。

当你过了某个年龄，特别是你的身材超出了某种尺寸时，请放弃小女孩的时装；头发别留太长；穿得别太香艳。但你也不必成天穿黑色、灰色或褐色。

我认识许多年长妇女，会在夏季或晚上穿上粉红色、淡蓝色或白色等浅色衣服，她们看上去优雅极了。

你必须避免穿幼稚的衣服，避开过于老气的颜色——如紫色，以及过于老气的织物——如锦缎、某种黑色或灰色蕾丝。

没什么比花白头发更漂亮的了。头发变灰的女人通常拥有双重魅力，庄重与女性温柔兼而有之。年长妇女会选择优雅的衣服与柔和的线条——不过分世故及男性化。

装
饰

无论是时尚界还是家具界，我们生活在普遍过度装饰的时代。任何东西，只有必须才有必要。我们热爱线条的纯粹，任何破坏它的东西都是错的。

如果不与整个设计浑然一体，再多的装饰对连衣裙也没用。如果服装的基本路线是错的，再怎么装饰也于事无补。

给连衣裙添加零碎装饰时请注意——很少有用。如果你一开始就不喜欢这条裙子，不买它就好了。

填充

一种纠正或强调的方式，体现在想突出的衣服局部。多年来垫肩是西装的必要组成构件，但现在时装追求自然，垫肩就可有可无了——仅仅只在你的肩膀太倾斜时才必不可少。

填充能帮助纠正身体的小缺陷——但只有经验丰富的裁缝才能驾驭。

香水

　　自从文明社会以来人们就一直使用香水，它被认为是女性魅力的重要组成部分。

　　当我年轻的时候，女性使用香水比现在普遍得多，我觉得那样非常美妙。遗憾的是，如今越来越多的女人不再大量使用香水了。

　　香水就像你的衣服，如此丰富地表达你的个性；你可以根据心情使用不同的香水。

　　我认为女人拥有美丽的香水，跟她拥有美丽的衣服同样重要。不要以为你的香水只是喷在了自己身上；你的整间房子都有它的味道，尤其是你自己的房间。

波
斯
羔
羊
皮

　　波斯羔羊皮是永远的时尚。从我还是个年轻男孩时起，我已经看到人们用不同方式穿戴波斯羔羊皮了。它看起来非常漂亮和年轻——但使用波斯羔羊皮必须设计简单，避免过于精致的风格。它本身有点花哨，所以只需要简单加以利用。

　　我爱用波斯羔羊皮装饰西装和大衣——非常优雅。

衬裙

礼服的衬裙是非常重要的。最无趣的事就是应该在礼服裙下面穿衬裙结果没有穿，导致衣服料子可怜兮兮地挂在身体上。

浆过的衬裙使裙子显得非常迷人，展示出柔美的女性轮廓，应该把它当作衣服的一部分。

如果你做的新连衣裙需要有点丰满的衬裙，那就定做一个，这很重要。如果你以为旧的衬裙能派上用场，这么想就错了，因为很可能用不上。

粉红色

粉红色是所有颜色中最甜蜜的颜色。每个女人的衣橱中都应该拥有一些粉红色的衣服，这是幸福和有女人味的颜色。

我喜欢用它做上衣和围巾，喜欢用它为年轻女孩做连衣裙；粉色的西装和大衣也很迷人，粉色用来做晚礼服则再美不过了。

粉红色非常适合做晚礼
服。这件可爱的迪奥晚
礼服，是由糖粉色丝绸
加上绣绳绒线制成的。

绲边

绲边有时是一种裁剪面料后的必要修饰手段（例如给扣眼绲边）。通常我更愿意给女装绲边，锁边的方式仅用于男装。

突出线条也会用到绲边——效果非常好。对我在 132 页提到的公主线尤其有用。你可用同样的面料绲边，有时也可选择对比颜色和面料。

珠地布

珠地布是种可爱的棉质面料。很长一段时间我们仅用它做修饰，现在我们喜欢用它做衣服。珠地布的品质最近几年大大提高，现在还能做西服、大衣。

但它仍然是最受欢迎的修饰面料——用于衣领、袖口、绲边等。

褶

　　多年来，褶一直是时装的亮点，以后也不会变。我爱褶，因为它们很有女人味，充满活力和动感，而且看上去很简单，这一点我非常喜欢。褶非常显年轻。

　　你可以通过褶使衣服达到最丰满的状态，但又不会显得鼓鼓囊囊的，它们非常显瘦，几乎适合所有女人。

　　褶法也多种多样：工字褶、风琴褶、软褶、倒褶、太阳褶——它们的用法各不相同。

褶。两件迪奥连衣裙上
的两种不同的褶型。褐
色连衣裙上是太阳褶，
印花裙的裙身则打满了
软褶。

口袋

口袋本是服装非常有用的组成部分，但现在经常用作装饰，或者用来破型。

口袋轻轻松松便能强调胸围或臀线——两个垂直的口袋可达到收敛胸部或臀部的效果。

利用口袋，你可以轻易地为你的整套行头破个色——往口袋里放一块浅色手帕即可。

另外还有一点——当你感到尴尬，手足无措时，口袋能让你的手有点事儿做。

口袋。迪奥给定制西装设计了一个简洁的口袋，给羊毛裙安了一个巨大的明口袋。

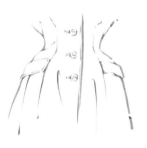

公主线

公主线的线条修长，如果你有点胖，公主线能显瘦；如果你个儿不高，它能把你拔高。所以它才如此受欢迎！

紫色

紫色是王者的颜色，但用起来必须非常小心，因为它不显年轻，而且有点难以亲近。

但是如果你足够年轻，你可以穿一身紫色羊毛外套或紫色天鹅绒礼服，你看起来会非常美。同样，穿紫色衣服需要好肤色。通常情况下，我觉得它最适合皮肤很黑或者很白的人。紫色的危险无处不在——这种不随和的颜色也许很容易招致你的厌倦。

品质

品质对优雅至关重要。我永远重质不重量。

无论买衣服还是做衣服，永远选择你能买得起的最好面料。一条质地优良的连衣裙要比两条廉价面料做的裙子好得多。

选择优质面料并不意味着挥霍——因为它们能穿上好些年。无论鞋子的皮革、帽子的毡料、还是连衣裙的布料，你一定要尽可能买最好的。

绗缝

绗缝有时做冬季大衣衬里很不错；你也可以选择对比色——深色大衣配鲜艳的红色或蓝色，这种搭配看上去很讨喜。

别用绗缝修饰——会显得廉价。任何形式的绗缝都会给一个丰满的人雪上加霜。

近来缝制的裙子很受欢迎。我觉得青少年穿着还是蛮欢快的，但是若真想穿得优雅，我不建议她们穿绗缝。

雨衣

正如其他功能性产品，简单和必要的线条是雨衣设计的王道。曾经在很长一段岁月里，雨衣的材料还是相当单调的，但现在涌现出那么多可爱的防水织物，几乎所有的材料都能制成雨衣。

即便如此，你也不能将雨衣与普通外套等同视之。因为雨衣的主要功能是防雨。从脖子到下摆处必须密封好，袖子也不可过宽。

人造丝

人造丝如今已经独当一面——而不仅仅是其他面料的仿制品。从这个角度来看，人造丝是种好面料，有些面料只有人造丝才做得出来——如某些丝缎。但是如果把人造丝当成天然丝的替代品，它当然就稍逊一筹了。

红色

红色是充满活力和正能量的颜色。它是生命的颜色。我钟爱红色，我觉得红色几乎适合任何肤色和时间。

鲜艳的红色——猩红、邮筒红、深红、樱桃红，这些红色都很喜庆，充满青春活力。也许稍微黯淡一点的红色更适合那些不那么年轻的人——对不那么苗条的人也同样适用！

每个人都能找到适合自己的那款红色；如果你不用红色做一整套连衣裙或西服，那么你可以使用它来做配件——红帽子适合配全套黑色或灰色，或用红色重磅真丝领结来配奶油色连衣裙；红伞搭灰色外套。

我觉得冬天穿一件红色大衣特别漂亮，因为它是一种如此温暖的颜色，如果你大部分的裙子、西装都是中性色调，用红色外套来搭配它们再合适不过了。

红色让这款配了披肩的
迪奥晚礼服显得格外有
戏剧表现力。

红色让这身裁剪简洁的
迪奥定制羊毛西装多了
一层热烈的感觉。

139

缎
带

小蝴蝶结缎带一直是最受欢迎、最有女人味的装饰。在一件女装上居然没发现蝴蝶结？这事儿可不经常发生。

蝴蝶结的尺寸多种多样，面料更是包罗万象。我觉得系在连衣裙的颈脖处或腰间的蝴蝶结最为迷人。

系蝴蝶结绝对是一门艺术——一条有折痕的缎带是不可能系出完美蝴蝶结的。

跟蝴蝶结一样，缎带本身也非常适于装饰；不仅仅装饰帽子，还可以用于装饰袖笼、袖口、套头衫、羊毛衫、领口和腰带。

黑貂

黑貂是皮草中的女王。它最美丽、最昂贵、最得体。我非常喜欢。

丝绸

　　丝绸不仅是最有魅力的面料，也是做晚礼服的最佳面料。丝绸能提供绝大多数迷人的颜色。人造丝和真丝的品质不一样，两者都是好面料，关键要看如何使用。人造丝质地有一点硬，真丝的悬垂感更好。

围
巾

很多时候，围巾决定了服装的最终格调。在找到一条最适合的围巾之前，你必须反复试验，尝试各种不同围法。这是非常因人而异的事，适合某个人的围巾不见得就适合其他人。

围巾之于女人正如领带之于男人，系围巾的方式透露了你的某些个性。

围巾决定了连衣裙的最
终格调。

海豹皮 [1]

海豹皮是一种用作短大衣的皮草，尤其适合年轻女孩。千万别与丝绸服装或考究西装混搭，那样会铸成大错。

1. 海豹皮：在我国，海豹目前是国家级保护动物，服装生产中禁止使用海豹皮。
——编者注

四季

　　在时装界，我们越来越倾向于把一年分三季而不是四季。秋季和冬季被放在一起。春季和夏季略有不同，原因如下：首先，不同假期需要的衣服不同；温暖的春天要求你穿戴的面料比冬天更轻薄。

　　添置新衣的最佳季节是春秋两季，夏天因为假期原因需要特别购置一些度假行头。

四季。夏日时光——一条美丽的迪奥假日格子裙。

我很喜欢组合服装。它们可爱、青春、百搭而且活泼轻快。有了组合服装，女人即便收入有限，她的衣橱也能多姿多彩，百变出新。

夏天组合服装的表现尤为出众——有麻、棉、丝或细羊毛面料。我把许多连衣裙特意分成上、下两件，因为这样更好搭。

穿组合服装时，上下身的颜色和面料可以相同，也可以形成对比。组合服装几乎永远配以半身裙。小蛮腰上再来一条漂亮的腰带。

穿组合服装出席晚会场合略显休闲了些，我认为这种打扮仅适用于度假胜地。

鞋

挑选鞋子如何殚精竭虑都不为过。太多的女性觉得鞋子低低在下，所以不重要，但要判断一个女人优雅与否，看她们脚上的鞋子便一目了然。

款式不同的漂亮鞋子有许多，但要跟你所穿的衣服相配才行。船形高跟鞋最百搭。

任何花哨的鞋子我都讨厌，除了晚会场合，我不喜欢有颜色的鞋。

鞋有两大要素：必须由优质皮革或仿麂皮制成；式样应该简单经典。

黑色、棕色、白色和海军蓝的确是最佳颜色（但白鞋会比较显脚大）。

鞋跟的形状至关重要——除了在乡村和做运动这两种情况，鞋跟不应过于平坦；不应过高，否则会显得粗俗。在任何情况下，舒适合脚最关键，不舒服的鞋子会让你不好走路，穿上世界上最美丽的裙子也不过是暴殄天物。

麂皮船形高跟鞋配
午后裙或丝质西装
很可爱。

船形高跟皮鞋搭配
西装或皮大衣看上
去很迷人。

肩线

　　曾经很长一段时间，肩线讲究自然。我个人一直不喜欢那些棱角分明的肩线，它们缺少女人味，有点咄咄逼人。

　　当然，随着每年的时装风格的变化，肩线也会略有不同。如果你的腰肢不纤细，不妨来点垫肩，宽宽的肩膀会显得腰细一些。

　　任何衣服，肩膀处的完美贴合都至关重要。如果西装或外套的肩部不合适，我劝你还是别买了。

绸缎

绸缎是面料中的女王。它是我们无法自己创造，大自然所赋予的最可爱、最有女人味、最迷人的东西。

你可以从下午开始穿丝绸直到午夜。再从午夜穿上它直到起床。因为没有比丝绸更好的睡衣面料了！

你可以用丝绸做成各种连衣裙——西服裙、衬衫式高腰连衣裙、美丽的午后褶裙、小礼服裙和舞会礼服裙。

丝绸的西装很迷人——无论有无图案、剪裁风格简单、经典还是复杂考究，可做成午后西装。

丝绸的外套很漂亮——近来流行丝绸风衣；重磅真丝的定制修身外套也很出众。

丝绸衬衫、衬里、内衣都很可爱——这种面料实在迷人至极！

短裙

只有少数人穿什么短裙都好看。她们必须腰肢苗条，没有臀部。其他人只能选择最适合的——西服裙或是直筒裙——一旦找到适合自己的一款，别随意改变。

越简单的短裙越讲究合身。修身短裙绝对不能紧到你动弹不得，这样就太夸张了。衣服要让你随时感觉穿着舒适，这才称得上时尚。

西服裙也必须精心裁剪，这样腰部才不会鼓鼓囊囊的；同理，喇叭裙或百褶裙通常要比缩褶裙穿上效果更好。如果希望臀部显得宽些（可能为了强调细腰），在填充料的宽度上下功夫要强过堆砌面料。

百褶裙非常好，因为穿着它行动起来跟穿西服裙无异，但又能保持线条的笔直。

丝袜

　　丝袜是尼龙的天下。当然，丝袜的质量必须好，这是基本常识。试着找出一个与你的肤色相匹配的色系。记住，暗色显瘦。

　　白天和夜晚差别在于尼龙的厚度——晚上穿的丝袜应该更细致轻盈。

披肩

披肩有两个用途。如果你穿一身露肩晚礼服，披肩可以遮住你的肩膀；走在街上当你感觉略有凉意时，披肩可以代替短外套，使你身上的礼服看上去多一些随意。

如果你足够聪明，懂得优雅地利用披肩，它会令你举手投足仪态万千。最忌讳的就是在衣服上松垮垮地搭条披肩。所以披肩如果披不好，那就干脆别披。

披肩使用的面料可以与你所穿的礼服或西装相同，或在颜色和纹理上形成对比。晚上，轻盈的面料——如网纱或欧根纱就极有女人味。当然了，毛皮披肩既保暖又高贵。

条纹

对于花哨的面料，条纹既漂亮又合适，但是用起来要费一番脑筋。因为使用条纹时，整件衣服都必须保持面料的纹理。

如果你垂直使用条纹，它会非常显瘦。但是裁剪就费事了，因为裁剪会有褶省，身体的曲线也是起伏不平的。

横纹可以非常迷人，但不适合丰满的人，因为会显得身材"五短"。

我的忠告：千万别拿条纹来做实验，如果你在做一条连衣裙，绝对不要妄图拿一块条纹面料来搭一块并非为它量身定制的图案。

条纹的宽度要跟你的身材相匹配，这是基本常识：细条纹配小个子，反之亦然。

条纹用起来要费一番脑筋。因为使用条纹时，整件衣服上都必须保持面料的纹理。这件迪奥连衣裙解决了这个问题，条纹仅用来做裙身及修饰紧身上衣——上衣主体为素黑。

条纹很显活泼——迪奥的这套
黑白斑马纹的帽子和袖笼真是
妙趣横生。

西装

自 20 世纪开始，西装已成为女人衣橱里越来越重要的角色。今天，它可能是你所拥有的最重要的服装。

女人穿西装的时尚虽然由男装嫁接而来，但我见不得它们跟男装一样——那样太男性化了。不论是面料还是剪裁都必须有所不同。

一套西装几乎可以出席现代生活的每一个场合，从早至晚——但不包括晚上。我不赞成夜间穿西装。

白天，城市的最佳着装是光滑面料制成的深色西装，如果黑色适合你那就选黑色，"黑色小西装"将优雅和实用发挥到了极致。

灰色和海军蓝仅次于黑色，接下来是墨绿色。

如果你过着一半城市一半乡村的"双重生活"，并且希望在两地穿同样一套西装，那么灰色是最佳选择。

如果你想有一套在乡村穿的西装，没有比一套斜纹软呢制的西装更好的了。英国以这种面料而闻名，英国女人很会穿斜纹软呢——但她们的风格有

西服。这件经典迷人的"黑色
小西装"来自迪奥。白色小帽
子来自西蒙·米曼。

时过于男性化。斜纹软呢的设计不需要任何花哨，但也不必做成男装。

夏天，我觉得亚麻西装很不错；暗色适合城市，白色或柔和的色调则适合乡村和海边。

亚麻能裁剪得很漂亮，它和羊毛一样，简约经典才是最优雅的。对于下午而言，没什么比丝绸西装更迷人了，现在很流行印花丝绸。在特殊场合，如赛马会和王宫花园派对或夏天的"告别宴会"之类的场合，我建议穿丝绸西装。

我本人更喜欢修身夹克配西装（下装），但如果你喜欢式样宽松的，那就想办法弄一件吧。

塔夫绸

塔夫绸是一种制作小礼服和晚礼服的迷人面料。它必须大量堆砌使用——让礼服的裙身蓬蓬的——否则很容易显得穷酸。

塔夫绸有时可以做成衬衫，但面料的质地有点硬，最好是晚上穿。

苏格兰格子呢也许是唯一尽管花哨却永远流行的面料。每个季节都以不同形状或形式出现，而且永远那么青春欢快。

但是有一点你必须注意：苏格兰格子呢的传统用法自然是做成苏格兰方格呢裙——用它来做别的会显得有点戏剧化。

格子花呢则是另外一回事——它们的颜色和设计都很自由。苏格兰格子呢在颜色和设计上都忠于原创。

苏格兰格子呢在这条迪奥连衣
裙上充分展现其魅力。这是一
件简单的衬衣式连衣裙，格子
呢的颜色是绿、黑、白。

旅行

随着我们生活和旅行方式的日新月异，坐飞机旅行成了家常便饭，比起左一箱右一箱塞满衣物出门的老祖母时代，你衣橱里的装备应该大为不同。

如果你走南闯北，你需要特别准备不占用空间的衣服，不起皱，而且分量轻。

旅行时穿的衣服要具备两个要素：舒适，无折痕。没什么比经典驼毛外套和羊毛连衣裙更适合冬天了，亚麻西装在夏天最实用。

旅行时穿的衣服应
该是舒适的。这件
美丽的迪奥外套由
厚实的柔软羊毛制
成，两种不同色调
的灰组成粗格图案。

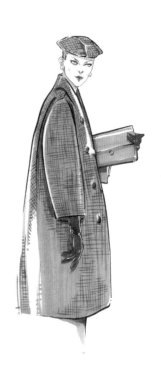

花边

花边通常是非常迷人的，但是衣服出彩不能全指望它们。好的裁剪至关重要，太多花边常常弄巧成拙。

任何花边都要在最初设计时跟衣服一起考虑——之后再增加，常常会导致灾难性的结果。

褶裥

褶裥曾经在两次世界大战中被大量使用。现在女装设计更讲究塑形和利用面料的纹理。但褶裥用于女式衬衫、浅色绉纱或雪纺连衣裙仍然充满魅力，尤其是那种衬衫式连衣裙。

斜纹软呢

斜纹软呢是所有英国面料中最流行的一种。大英帝国产的斜纹软呢一直被所有国家争相模仿，但从未被超越。

最近几年，斜纹软呢的使用范围甚至延展到了考究西装的领域。我认为它们极为优雅，在乡村，斜纹软呢是必备行头。

曾几何时，斜纹软呢只有一种相当厚重的质地，但如今，它的重量、品质和颜色都变得无比丰富。

● 迪奥为这件连衣裙选择了一款暗灰的斜纹软呢。这款白色蝉翼纱前襟突出了这条不同寻常的领口线。

●

⠇ 伞

现代生活的便捷使伞的装饰性多于实用性——但是随着城里越来越难找到停车位，它们会变得越来越实用！

真正优雅的伞不应该太花哨。我最喜欢的伞由竹子、皮革或木头制成，还必须与手袋、手套等其他附件搭配。

一把伞配许多伞面，这主意不错——可以根据不同行头选择相应的颜色。

衬
裙

　　双绉是做修身衬裙的理想面料。网纱也许最适合做蓬松礼服，因为你走路时可能会露出一点点衬裙，美丽的网纱总是那么赏心悦目。

　　衬裙非常有女人味，它所采用的颜色和面料都要仔细斟酌，要像选择连衣裙一样不含糊。

　　衬裙必须悉心裁剪，因为礼服好不好看，常常与衬裙有密切的关联。

每个女人都梦想能够天天穿新衣服，天天有新形象——但在资金上不可行，而且我也不觉得这样会好看。

看见一个女人穿某件衣服特别迷人，你会非常高兴地再看到她做如此打扮。

当你有一件最喜爱的衣服，没有理由不常穿它。衣服贵在少而精——这句话我以前常说。你可以通过配件、围巾、花朵或首饰使基本款的西装和裙子变得多姿多彩。

戴面纱会娇媚动人，但未必显年轻，必须小心使用——面纱更适合女人而非女孩。

面纱应该相当简单——我不喜欢太花哨的网面。点缀几个小点甚至毫无修饰，这样都很美；面纱别太厚。

选择与你头发同色的面纱，通常很漂亮，即使戴黑帽时也无妨。留神颜色鲜艳的面纱，它们不容易戴出魅力。

天鹅绒

没有任何面料比天鹅绒更讨喜。这种面料和肤色最为契合。天鹅绒镶边或天鹅绒领口可以完全改变整套西装或礼服的风格。靠近皮肤的部位用天鹅绒便不会有错。

任何季节我都喜欢用天鹅绒——不单单是冬季——它配亚麻通常很美，甚至配蝉翼纱也不赖。

天鹅绒礼服和天鹅绒外套别具魅力，但3月1日之后便不适合再穿了；天鹅绒是典型的冬季面料。黑天鹅绒有极好的瘦身效果，彩色天鹅绒则更加难穿些，但是暗色珠宝色系的天鹅绒非常迷人。浅色天鹅绒更为少见，它们过于显眼，不太随和，虽然漂亮但却过显奢侈。

天鹅绒可做成富丽堂皇的晚礼服，但穿的时候要格外小心，它们稍稍有点显老成。

我个人非常喜欢用黑天鹅绒做午后礼服，也许在领口处加一抹白——这身打扮温柔甜美，而且适合各个年龄层。

天鹅绒用于高级定制时
装时非常迷人，魅力非
凡——例如这种亮柠檬
黄的宽松外套……浅色
在天鹅绒中既美丽又鲜
艳——显得尤为奢华。

我热爱棉质平绒，但它主要用来做宽松外套和夹克——平绒不好裁剪。平绒的修身的西装或外套及礼服只适合非常苗条的人，因为这种面料显胖。

平绒可以做成华丽的晚装披肩——从你的肩膀松松地垂下来，形成一道可爱的曲线。

平绒是夹克的上选面料——这件前襟有简洁拉链的夹克出自迪奥。

西装背心

如果你不希望衬衫配西装，西装背心能带来一点改变。它既漂亮又随和，给你的西装平添一抹色彩。这种效果或许围巾也能办到，但西装背心简洁利索，还能让你解开西装的上衣纽扣。

穿一件暗素色西装时，配上西装背心能显得活泼些——格子背心或彩格呢背心看起来都很清新，可以使用丝或羊毛面料。

腰围

腰围是制衣的关键，因为它为连衣裙或套装提供了所有比例。纤细的腰围使女性身体的曲线充满魅力，一直以来都是每个女人梦寐以求的。

时装有时改变了腰线的位置，但我觉得自然的选择才是最好的。

如果你腰线过长或过短，你必须尽量调整，在胸围和腿之间确定一个良好的比例。用腰带或褶或扣子标出位置，你必须耍点小花招，找出最佳比例。当然了，在选衣服时也要考虑这一点。

如果你腰线很短，那么腰带别系太高，别过于强调上衣部。低胸露肩装别太宽——深 V 字领更适合你。

如果你的腰线很长，那么一切都反着来：宽口露肩装，宽腰带；腰带长短要正合适，没有比一长截皮带吊在腰间更难看的了。

你走路的方式

在不太遥远的过去，女孩子们要专门学习如何走路，我认为这样做完全正确。今天很多女人需要回到学校学习行走的艺术，因为这一点至关重要。

许多女人因为她们的魅力而不是美丽而出名——她们唯一的魅力是走路的方式。走得庄重又轻盈并非易事。

有些人天生行动优雅。但如果你无此天赋，便得培养这门艺术。如果穿着美丽的衣服，却走路无精打采，坐卧不修边幅，那就太荒唐了，美丽的衣服也会很快布满折痕像块抹布。

你走路的方式可以成就
或损伤你的衣服——培
养优雅。

婚礼

你必须认真对待婚礼，在这种时刻穿得特别些。但这并不意味着你必须浑身插满羽毛，或者像新娘一样披件婚纱。

怎么穿衣当然要看场合，你的着装要与婚礼的所在地相匹配——乡村或者城市等。

我认为丝绸或细羊毛是最好的面料——别穿太繁杂的锦缎。我还是会建议穿简单的衣服，但用一点东西来显特殊，有别于普通来宾。

伴娘必须穿长礼服——尤其是当伴郎穿大礼服或燕尾服时。我反对长礼服配大衣——不妨披条披肩或穿皮草短夹克。

如果你是普通来宾，你一定也想穿得特别一些。但千万别太招摇抢新娘子的风头——棕色、灰色，一些绿色和中性蓝色通常最合适。

如果你要戴一束花，那就别戴太多首饰——别把自己打扮成圣诞树！

白色

夜晚的白色比任何颜色都美。在一个舞会上，总有一两件白礼服在人群中格外出众。白色既纯洁又简单，配什么都行。白天使用白色必须非常谨慎，因为它必须永远洁白无瑕。如果你不能保证这一点，那最好还是别穿它。

但是，一尘不染的白能在最短的时间营造出打扮光鲜的良好印象……白领子、白袖口、白领结……白扣子……或白帽子、手套。

白色很适合这件美丽的薄纱晚
礼服，该礼服出自迪奥，它的
"新风"水手领上绣有数以百
计的珠宝。

冬季运动服，白色羊毛罩衫配
红色天鹅绒饰边。

冬季运动服

冬季运动服在冬季时装中的地位越来越重要。关于真正的运动服装我没什么特别要说的。不过真正的优雅来自穿着方便、设计简单。

我喜欢暗色运动服，所有的活泼俏皮由围巾、手套和帽子来负责。"滑雪后服"应该快乐、简单、年轻。你可以用花哨的腰带和配饰——时刻别忘细心挑选。冬季运动服和沙滩服一样，我都不喜欢它们样式太花哨。

冬季运动服。白色仿羊羔皮制
成的滑雪后穿的夹克。

羊毛

　　在纺织品的王国里，羊毛与丝绸平分天下。简单或考究的衣服羊毛都能驾驭，除了舞会这种特殊场合，任何时候都能穿羊毛。羊毛面料有的粗糙有的光滑，颜色有的深有的浅，样式有的朴素有的华丽，极其丰富多样。它和丝绸一样，有着美妙的自然特质。

　　剪裁羊毛面料前一定要先缩一下水，避免之后失望。相比其他面料，羊毛有一个极大的优点：它可以用热熨斗来塑形。这就是现代时装中羊毛面料用途如此之多的原因，它是典型的现代面料。

独家

如今很难有什么东西是真正的独家；在现代化生产和再生产的模式下，几乎不可能只为你一个人生产独家面料和设计专属礼服，这是极为奢侈的。

但是通过做自己，你能成为独一份。在你的个性中找到不同的，把你跟其他人区别开来的东西。

你必须永远是自然的。我从不喜欢矫揉造作。

虽然你的围巾可能有成千上万条，但你围它的方式仍然能令它卓尔不群！独占鳌头跟钱没有关系。

当然，如果你自己做衣服，想独特就容易些——但这并不意味着它更有价值。

奢侈

奢侈是优雅的反面。优雅可以大胆出位，但永远不可以奢侈，铺张奢侈是品位差的表现。

宁愿在朴素中犯错，也强过在穿着打扮上奢侈浪费。

黄色

黄色代表青春和太阳，代表着好的天气。这个美丽的颜色既适合做连衣裙也适合做配饰，一年中的任何时候都可放心使用。

但是，如果你是浅色头发，或者肤色苍白，那你必须对黄色敬而远之。并不是说你全都不能用，但只能选浅色系的，把明亮的金黄色留给黑头发的人享用吧。

正如其他颜色，每个人都有适合自己的黄色——但你必须耐心找到它。

约克

约克能帮连衣裙上衣部分实现必要的丰满度，同时保持肩线平整。

约克非常适合高腰的人，因为它会截断线条；对那些胸部丰满的人也非常适用，因为这种丰盈的效果非常好看。

如果你身材娇小，我劝你别使用约克；你更适合穿长线条的连衣裙和外套，别让横向线条从你身上划过。

年轻的装扮很适合年轻人。过了一定的年龄，你更应该想办法让自己看上去优雅而不是年轻。

有些东西绝对只适合年轻人——彼得潘式衣领……苏格兰格子裙……绗缝裙……打褶，以及一些棉质面料。有些东西绝对不适合太年轻的人……面纱……锦缎……黑色、灰色和紫色花边……过多的装饰……和大量的羽毛。

青春时装。年轻人的完美装
扮——迷人的白色水手领上衣
和宽条领带。

热情

我用这个幸福的词来结束我的"时尚小辞典"。

无论你做什么，无论是工作还是休闲，你都必须满怀热情。你要带着热情生活……这也是美丽和时尚的秘诀。

缺乏热情的美一定是缺少吸引力的。

真正的好时装背后一定包含着精心、热心和热情。

怀着热情来设计……怀着热情来制作……怀着热情来装扮你自己。

年轻的想法。
又一件水手领——这次是用在
白色晚装短裙上。

图书在版编目（CIP）数据

迪奥的时尚笔记：写给每位女士的优雅秘诀 /（法）
克里斯汀·迪奥（Christian Dior）著；潘娥译 . 袁春然绘 . -- 重庆：
重庆大学出版社，2021.6（2025.2 重印）
（万花筒）
书名原文：The Little Dictionary of Fashion：A
Guide to Dress Sense for Every Woman
ISBN 978-7-5689-2675-1

Ⅰ . ①迪… Ⅱ . ①克… ②潘… Ⅲ . ①女性－服饰美
学 Ⅳ . ① TS976.4

中国版本图书馆 CIP 数据核字（2021）第 084586 号

迪奥的时尚笔记：写给每位女士的优雅秘诀

DI' AO DE SHISHANG BIJI: XIEGEI MEIWEI NÜSHI DE YOUYA MIJUE

〔法〕克里斯汀·迪奥　著

潘　娥　译

袁春然　绘

责任编辑：张　维
责任校对：关德强
书籍设计：崔晓晋
责任印制：张　策

重庆大学出版社出版发行
出版人：陈晓阳
社址：（401331）重庆市沙坪坝区大学城西路 21 号
网址：http://www.cqup.com.cn
全国新华书店经销
印刷：天津裕同印刷有限公司

开本：889mm×1194mm　1/32　印张：6.5　字数：83 千
2021 年 6 月第 1 版　2025 年 2 月第 9 次印刷
ISBN 978-7-5689-2675-1　定价：69.00 元